# 天黑黑，我们去看蛙：

## 蛙类观察

文 / 岑建强　图 / 李达

　　在这本书里，我要带着小朋友，还有正在读书的你，在神清气爽的五月天里，挑选一个天气晴好的晚上，到郊区的农田里去探望"青蛙王子"。在去之前，大家得做好准备。

中国中福会出版社

长裤、长袖，记得把裤腿和袖口扎紧。

防滑鞋，如果还能防水，那就更好了。

手机，照相、录音等都可以靠它。
记录本和笔。

布袋子，柔软又透气。

网兜，它伸长了你的手。
手电筒，当然头灯是更理想的，那样你的双手就腾出来了

窗外春风吹来,拂过你的小脸,暖暖的,痒痒的。
看水边,桃红柳绿;看树上,莺歌燕舞。
天气这么好,晚上,"青蛙王子"都该现身了。
难怪"公主们"都爱参加晚会。

天黑可好玩了！
你要看星星们闪亮登场，天黑了才看得清；
你要看萤火虫点灯夜游，天黑了才看得到；
你要看青蛙们放声歌唱，天黑了才有演出啊！

好多虫子都在晚上出现，所以吃虫的蛙也选择晚上出来。

出发喽！打着手电筒、沿着田埂，我们慢慢走近水田。
当心脚下，可不要一脚滑到泥水里去哦。

"扑通！扑通！"不远处传来声响，吓了你一跳。
赶紧用手电筒照过去，却什么也没看见。

不是去看蛙吗？到水田来干什么？

因为春天的水田，是蛙们的最爱。

嘘——把手电筒关掉，不—要—讲—话！

时间过得好慢呀。"呱—呱—呱"，叫声零星地响起来了。

又过了一会儿，"呱呱"，"呱呱"，"呱呱呱"，"呱呱呱"，水田里一下子吵翻了天。

小贴士

雄蛙的嘴角两边或者咽下随着振动鼓出来的泡泡，是蛙的外声囊，有放大声音的作用。

重新打开手电筒，顺着叫声仔细地寻找，
你惊讶地发现，远处的蛙就像一个个卖力的演员，
一边高声唱着，一边从头的两边鼓出大大的泡泡。

咦！眼前这只蛙一动不动，那还等什么！
慢慢地蹲下身体，慢慢地伸出手去，
来，请你暂时到布袋里待会儿吧。
"扑通"，这是蛙的跳水声。
"啊呀"，这是你的懊恼声。

# 黑斑蛙

学名：*Pelophylax nigromaculatus*

俗名：青蛙

特点：形体好、弹跳佳，绿色身体上装点着黑斑，发出的声音为"呱呱呱"。它的眼睛对移动的物体反应灵敏，遇强光照射会短暂失明。

没关系，重新来。

看，那边还有一只。

注意，手要快，要抓住它的前半身。

"啪嚓"，哈哈！别动！

你就是大名鼎鼎的黑斑蛙呀！

# 中华大蟾蜍

学名：*Bufo gargarizans*

俗名：癞蛤蟆

特点：跑不快、跳不高、叫不响，模样丑陋，皮肤粗糙，身上还有一粒一粒的小疙瘩。它的头顶两侧有两块突起的耳后腺，发急的时候会喷出白色的毒液。它是抓害虫的好手。

和远处高唱的黑斑蛙告别，大伙儿继续慢慢地前进。

哎呀！你的脚踢到了什么？

哈！是一只癞蛤蟆。

可它一点儿也不惊慌，拖着四条腿，不紧不慢地摇摆着身体。

好了，你也进布袋吧。

嘿，你要轻轻地抓哦！
它可是有毒液的！把它惹急了，它可是会放大招的呢！

嘘！听，谁在和黑斑蛙打擂台？

"呱呱"，"呱呱"，"汪汪"，"汪汪汪"！

不是，不是！这捣乱的狗狗！

"叽叽"，"叽叽"，你听到了吗？

蹲下身子，在水田的秧苗上仔细找。

是的，是的！就是它！

哈哈！原来躲在这儿呢！

这是小不点——无斑雨蛙的声音。

小小的雨蛙，就像一个绿色的小天使，贴在绿色秧苗的背面。

# 无斑雨蛙

学名：*Hyla immaculata*

特点：个子小、身体滑、脑袋宽，身轻如燕，脚配吸盘，可以轻巧贴在植物叶片上。它的身体颜色会随着环境和季节变化。它只有咽部一个外声囊，所以它是用"单喇叭"唱歌的。

你卷起袖子，又卷起裤腿，
这里摸一摸，那里拍一拍，却什么也没看到。

天越来越黑了，水田里也越来越热闹了。

听！"嘎叽嘎叽"，"嘎叽嘎叽"。

这是小个子泽陆蛙，天生一个大嗓门。

它总是一副灰头土脸的样子，

非常喜欢混在泥地里，真的很难发现呢。

# 泽陆蛙

学名：*Fejervarya multistriata*

俗名：泽蛙、嘎嘟

特点：个子小、身体壮、弹跳佳，一个迷你版土老帽，配着一个大嗓门。它褐色至棕色的体背上，散布着深色斑纹。有的体背中央会有一条浅色纵线。

周围一片漆黑，天上有星星划过，远处有狗狗在叫。
"扑通"，哪个家伙又在偷偷练跳水了？
"噼里啪啦"一阵忙乱后，四周变得格外平静，
蛙儿们好像都睡着了一样。

可是不一会儿，蛙儿们便耐不住寂寞，
又拉开了嗓子。
"呱呱"，"呱呱"；
"叽叽"，"叽叽"；
"嘎叽嘎叽"，"嘎叽嘎叽"；
大合唱开始啦！

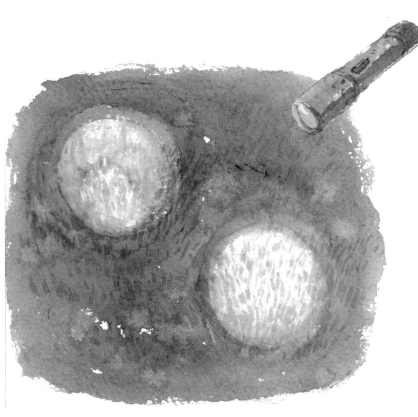

手电筒照到左边，右边
在叫；照到右边，左边在叫。
这是各种蛙儿在跟我们
捉迷藏呢！

突然，灯光中出现了一
只胖嘟嘟的小蛙，它披着泥
土色的外衣，刚刚收回吐出
去的大泡泡。

眼前的泽陆蛙不知所措，茫然地呆望着。
迅速地出手，一把抓住它，送入手边的布袋。
布袋里一阵扑腾，这四只小可爱，不会打起来了吧！

快看，前面有个大池塘。
等一下，发现了吗？
浮萍之间，有不少眼睛正看着你呢。

"啾—啾—啾"，短促的声音从浮萍间传来。
是的，就是这些蛙发出的声音。
它们叫金线蛙。
啊！这么好听的名字啊，快去抓一个！

脚刚刚迈过去，"啾"，眼前的金线蛙身子一沉，不见了。
睁大眼睛仔细找，哈哈！它又从另一边探出了脑袋。
举起网兜，给它来个包抄。

来，看看，它的身体两边，
真的各有一条金线呢！
好吧，看在它有两根"金条"的面子上，
给它换个新布袋吧。
"啾"，"啾"，进了新布袋的金线蛙，
好像还是不太高兴。

## 金线蛙

学名：*Rana plancyi*
特点：胆子小，声音细，中等个子，
满身翠绿，有一条青色的背中线和
两条金黄又突出的背侧线。它经常
藏身在盖满浮萍的池塘中。

"哗啦"，轻轻的一声从空中传来，
"有鬼！"你猛地一惊，举起手电筒，差点扔掉了手中的布袋。
只见一只猫头鹰，轻拍着翅膀，从田野里掠过。
看！它的脚上挂着一只老鼠呢！

这个夜猫子刚才应该在附近巡逻，
而那个倒霉蛋可能正在找夜宵。
最终，吃到夜宵的是那有着火眼金睛，来去无声的猫头鹰。

黑夜里真是惊喜不断呢！
有"呱呱"叫的黑斑蛙，中气十足；
有"啾啾"叫的金线蛙，细声细气；
还有"叽叽"叫的雨蛙，"嘎叽嘎叽"叫的泽陆蛙。
咦？好像有个陌生的声音。

"昂—昂—昂"，天哪！这是虎纹蛙！
举起手电筒，快，在那边！
悄悄地把网兜伸过去，一把翻转，再拎起来。
哇！这么重啊！得有三四百克了吧！
这可是国家保护动物，拍个照，让它回家吧。

# 虎纹蛙

**学名：** *Rana rugulosa*
**俗名：** 水鸡
**特点：** 体长 10 厘米左右，声音像从低音炮里传出来。皮肤粗糙，体背棕色，上有 10 多行长短不一的纵棱。因为个子大，除了吃昆虫，它还能吃其他小蛙。

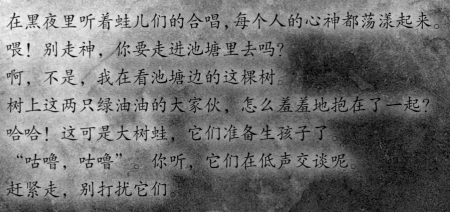

在黑夜里听着蛙儿们的合唱，每个人的心神都荡漾起来。

喂！别走神，你要走进池塘里去吗？

啊，不是，我在看池塘边的这棵树。

树上这两只绿油油的大家伙，怎么羞羞地抱在了一起？

哈哈！这可是大树蛙，它们准备生孩子了。

"咕噜，咕噜"。你听，它们在低声交谈呢。

赶紧走，别打扰它们。

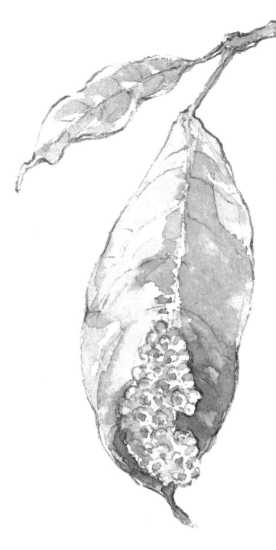

大多数蛙在水里产卵，但大树蛙在树叶上产卵。蛙妈妈先造一个大泡泡，然后把卵产在泡泡里，蛙爸爸再给卵授精。等受精卵变成了小蝌蚪，就会自动掉到池塘里去。这样，受精卵被吃掉的危险就小多了。

# 大树蛙

**学名:** *Rhacophorus dennysi*

**俗名:** 青蛙

**特点:** 扁身体的大个子，绿色的背上有些棕色斑点，看着就像斑斑锈迹。它的脚上有吸盘，可以贴在树干上很长时间。它们在树叶上产卵。

池塘边是一片杂乱的草丛，小心点哦，草丛里也许有蛇呢。

"嘎"，"嘎"，一阵低沉而斯文的叫声传来。

这是一个小个子的三角蛙。

来，你也暂时到布袋里待会儿吧！

小贴士

杭州植物园有一个观察点，可以看到两种姬蛙：饰纹姬蛙和小弧斑姬蛙。

它叫饰纹姬蛙，看见它背上前后两个"∧"形花纹了吗？

这个小家伙喜欢躲在草丛中，它吃蚂蚁，也吃蚊子呢。

# 饰纹姬蛙

**学名：** *Microhyla ornata*
**特点：** 20毫米长的小个子，配着尖脑袋的三角形身体。这个"纹身小子"喜欢混迹在草丛中，很难发现的哦。

带着小姬蛙，走过乱草堆。
不好！前面的水田里怎么了？
只见泥水四溅、一阵翻腾，好像有东西打起来了。
好呀，半夜里出门打架。来，让我看看你们是谁？

哇！原来是一只黑斑蛙被一条水蛇逮住了。

一网兜下去，沉甸甸的两个对手还在网里撕扯。

好了，两位，大家都在水里讨生活，就不要互相伤害了好吗？

水蛇好像听懂了，它松开了嘴，网兜也回到了水里，送走了两位。

手里的布袋子一阵跳动。

嗯，该把这几位也放回家了。

当然，在回家之前，我们要给每一只蛙拍照、记录。

好不容易看到一次，当然要记住你们啊！

"好了，各位'王子'、'公主'，回你们的家吧。"

布袋子开了口，蛙儿们纵身跃起，跳进了黑夜，
只有那癞蛤蟆，不紧不慢地拖着身子。
田间夜风吹来，吹在身上，凉凉的，爽爽的。
看天边，星光闪闪；听田野，蛙声阵阵。

今夜，你们都将出现在我梦中的舞会上。

做完了自然观察，自然要做自然笔记。
这是我的自然笔记。怎么样？你也做一个吧。

日期：2019.5.12 周日
天气：晴到多云
气温：15°C~25°C
生境：池塘边的大树上
发现对象：大树蛙
对象描述：绿色大蛙，背面有锈斑，身体能够贴在树上。
现场画面直播：正在抱对
文字记录：资料显示，大树蛙总是在池塘上方的树叶上产卵。
产卵时，雌蛙先用后腿搅出一个大泡泡，然后把卵产在泡泡里，
雄蛙再给卵授精，这样，受精卵就被包裹在泡泡里。等到受精卵
发育变成了小蝌蚪，就会掉到池塘里去，自然开始下一阶段的发育。
追踪计划：准备跟踪观察大树蛙的产卵过程及受精卵的生长
状况。

照片记录

声音记录："咕噜"，"咕噜"。

日期：

天气：

气温：

生境：

发现对象：

对象描述：

现场画面直播：

文字记录：

 照片记录：

 声音记录：